SOY PRÍMULA

Texto, ilustraciones y maquetación: Marta González Blázquez

Contacto: bajoelhelecho@gmail.com
Síguenos en Instagram: @colección_maleza

2

¡Hola, hola!
Me llamo Prímula y soy una planta silvestre a la que verás en prados y claros de bosque.

Soy muy fácil de reconocer:
mis hojas nacen en roseta, es decir,
a la misma altura en el suelo, y tienen
pelitos suaves por la parte de detrás.

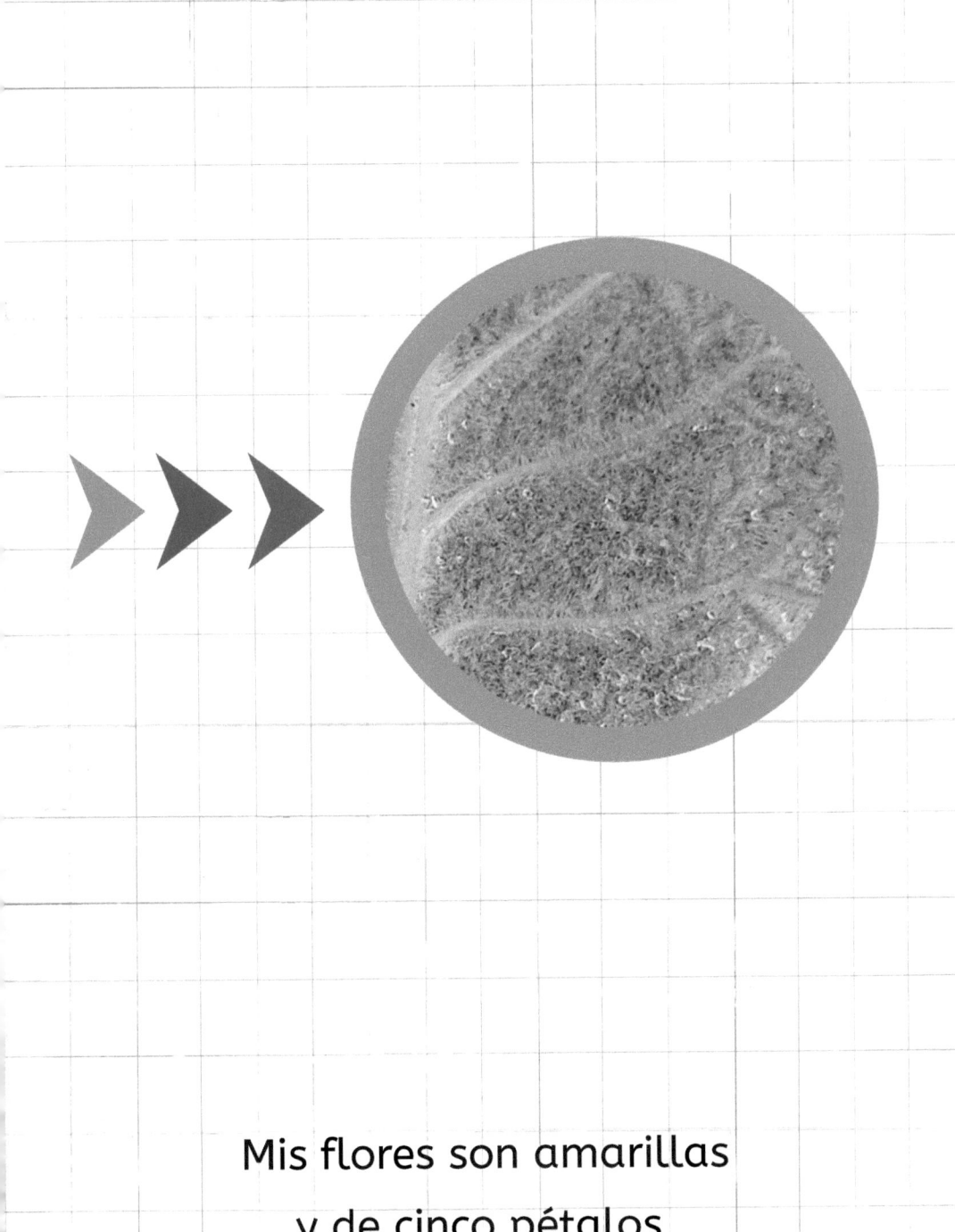

Mis flores son amarillas
y de cinco pétalos.

En la Península Ibérica hay diversas variedades de prímula. La prímula veris y la prímula vulgaris son algunas de las más comunes.

Primula Veris

Primula Vulgaris

Mi nombre hace referencia a que soy
de las primeras plantas en florecer
al comienzo de la Primavera.

Plinio

Esto ya era sabido por Plinio,
un estudioso romano de hace
casi 2000 años que escribió sobre mí.

A lo largo de la historia
he despertado el interés de
druidas y boticarios por mis
usos en magia y medicina.

En Suecia, mis flores se usan
tradicionalmente para elaborar
hidromiel, una bebida a base
de agua y miel.

Hoy en día se sabe que tengo
diversos nutrientes y componentes
importantes para la salud,
como la vitamina C y el magnesio.

Para aprovechar mis propiedades,
puedes comerme: añade mis hojas
más tiernas a tu ensalada,
o cuéceme como una hortaliza.
Sopas, rellenos, empanadas, quiches...
Mis flores, crudas, decorarán tus platos y
los harán aún más deliciosos.

Con mis flores puedes hacer
infusión cuando sientas nervios o
no puedas dormir bien.

Mi raiz, cruda y convertida en
una pasta, se ha utilizado desde hace
cientos de años para aliviar esguinces y
dolores musculares.

Infusión de prímula

Necesitarás:
2 vasos de agua
2 cucharadas de flores secas
miel o edulcorante al gusto

Pon a hervir el agua en un cazo.
Cuando esté burbujeando, viértelo sobre
las flores y espera 5 minutos.
Cuélalo, endulza y… ¡a disfrutar!

Las flores de prímula se recolectan en marzo.
Ten la previsión de buscarla en tus paseos, secarla y
guardarla en un bote limpio de cristal para tenerla
disponible cuando la necesites.

Es importante que tengas en
cuenta que existen muchas
variedades de prímulas.
Las que se cultivan en jardinería,
de muchos colores,
pueden provocar alergias.
¡Ve con cuidado!

Siempre confirma que soy yo
con un adulto antes de recogerme.
En la Naturaleza, a veces las
plantas crecemos muy juntas y
puedes equivocarte.
¡Y ojo con las alergias!

Algunas variedades de prímula,
como la prímula veris,
estamos protegidas en
algunos lugares.

La agricultura nos está
dejando casi sin espacios para vivir y
necesitamos ser cuidadas.

No nos recolectes si no sabes
seguro que puedes.

Me puedes cultivar en casa.
Para ello, recógeme con raíz en
un lugar en el que no esté protegida
ni hagas daño al entorno y
ponme en una maceta.
Estaré genial con algo de
sombra y humedad.

Protege nuestro entorno.

El bosque es vida:

para mí,

pero también para tí y

todos los seres vivos.

¡Cuidémonos!

La Colección Maleza al completo.
¿Ya nos conoces a todas?

Recorta esta ficha y plastifícala para poder llevarla a tus excursiones. Así, podrás asegurarte de que me reconoces cuando me encuentres.
¡Nos vemos en el campito!

PRÍMULA
P. vulgaris / veris

Hábitat: praderas, claros y bordes caminos de bosque.

Descripción: entre 10 y 20 cm de altura. Hojas en roseta, con pelillos por detrás. Flores amarillas de cinco pétalos.

Confusiones: con otras variedades de la misma familia. OJO: algunas están protegidas.

Usos: sus hojas tiernas crudas o, las más maduras, cocinadas. Flores para adornar platos y para calmar en infusión. Raíz, cruda, en pasta, para esguinces y dolor muscular.

Recolección: cualquier momento. Mejor en un día soleado si la vas a secar.